整数と小数 ①

JN106132

1 □にあてはまる数を書きましょう。

$8.374 = 1 \times \boxed{} + 0.1 \times \boxed{} + 0.01 \times \boxed{}$

$+ 0.001 \times \boxed{}$

2 次の数は, 0.001 を何個集めた数ですか。

❶ 0.024

❷ 7.3

[　　　　　]　　　　　[　　　　　]

3 右の□に, 1, 2, 5, 6, 9 の数字を 1 個ずつあてはめて, 数をつくります。

❶ できる数のうち, いちばん小さい数はいくつですか。

[　　　　　]

❷ できる数のうち, 2 番目に大きい数はいくつですか。

[　　　　　]

整数と小数 ②

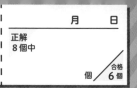
1 次の数は，それぞれ 0.438 を何倍した数ですか。

❶ 4.38　　　　　　　　　　❷ 438

[　　　　　　]　　　　[　　　　　　]

❸ 43.8

[　　　　　　]

2 次の数は，それぞれ 70.6 の何分の 1 ですか。

❶ 0.706　　　　　　　　　❷ 0.0706

[　　　　　　]　　　　[　　　　　　]

❸ 7.06

[　　　　　　]

小数点の位置
がちがうね。

3 次の数を書きましょう。

❶ 2.18 を 1000 倍した数

[　　　　　　]

❷ 5.93 を $\frac{1}{1000}$ にした数

[　　　　　　]

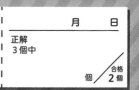

月　　日

正解
3個中

個／合格 **2**個

---

1 １m のねだんが 980 円の布を 1.5 m 買いました。代金は何円ですか。

[　　　　　　]

2 １L のガソリンで 13.6 km 走ることができる自動車があります。この自動車は，5.4 L のガソリンで何 km 走ることができますか。

[　　　　　　]

3 右のような形をした花だんの面積は何 m² ですか。

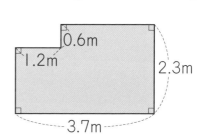

0.6m

1.2m

2.3m

3.7m

[　　　　　　]

小数のかけ算 ②

1 メロン，すいか，りんごが 1 個ずつあります。メロンの重さは 1.2 kg です。メロンをもとにすると，すいかは 6.4 倍，りんごは 0.35 倍の重さです。

❶ すいかの重さは何 kg ですか。

[　　　　　　　]

❷ りんごの重さは何 kg ですか。

[　　　　　　　]

2 バケツに 4.5 L の水が入っています。バケツに入っている水をもとにすると，水そうには 7.2 倍，水さしには 0.3 倍の水が入っています。

❶ 水そうには何 L の水が入っていますか。

[　　　　　　　]

❷ 水さしには何 L の水が入っていますか。

[　　　　　　　]

答えは71ページ ☞

小数のわり算 ①

1 1.2 L の油の重さをはかったら，1092 g でした。この油 1 L の重さは何 g ですか。

[　　　　　　　　]

2 16.5 L のスポーツドリンクを，0.7 L ずつ入る水とうに分けます。0.7 L 入りの水とうは何本できて，何 L あまりますか。

[　　　　　　　　]

3 3.6 m² の重さが 4.3 kg の木の板があります。この木の板 1 m² の重さは何 kg ですか。答えは四捨五入して，上から 2 けたのがい数で求めましょう。

[　　　　　　　　]

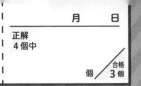

1 白と青のリボンがあります。白のリボンは 2.8 m，青の
リボンは 3.5 m です。

❶ 白のリボンの長さをもとにすると，青のリボンの長さは
何倍ですか。

[　　　　　　　　　]

❷ 青のリボンの長さをもとにすると，白のリボンの長さは
何倍ですか。

[　　　　　　　　　]

2 A公園のマラソンコースは 6.3 km で，これはB公園の
マラソンコースの 1.4 倍です。B公園のマラソンコー
スは何 km ですか。

[　　　　　　　　　]

3 ゆうやさんの体重は 39.3 kg で，これはお兄さんの体
重の 0.75 倍です。お兄さんの体重は何 kg ですか。

[　　　　　　　　　]

まとめテスト ①

1 3.409 は，0.001 を何個集めた数ですか。

[　　　　　]

2 たてが 2.6 m，横が 4.17 m の長方形の面積は何 m² ですか。

[　　　　　]

3 1.8 m の重さが 2.4 kg の鉄パイプがあります。この鉄パイプ 1 m の重さは何 kg ですか。答えは四捨五入して，上から 2 けたのがい数で求めましょう。

[　　　　　]

4 5.7 にある数をかけるのを，まちがえてその数をたしてしまったので，答えが 12 になりました。このかけ算の正しい答えを求めましょう。

5.7＋□＝12
だから…

[　　　　　]

まとめテスト ②

1 右の□に１, ３, ４, ７, ８の数字を１個ずつあてはめて, 40にいちばん近い数をつくりましょう。

[　　　　　　　]

2 赤, 白, 青の３本のテープがあります。赤のテープは18ｍです。白のテープは, 赤のテープの1.45倍, 青のテープの0.9倍の長さです。

❶ 白のテープは何ｍですか。

[　　　　　　　]

❷ 青のテープは何ｍですか。

[　　　　　　　]

3 たてが3.6ｍ, 横が4.8ｍの長方形の花だんがあります。この花だんの面積を変えずに, 横を0.6ｍ長くします。たてを何ｍにすればよいですか。

[　　　　　　　]

答えは71ページ ☞

直方体や立方体の体積 ①

1 次の直方体や立方体の体積を求めましょう。

❶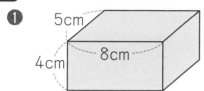

❷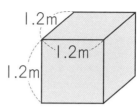

[　　　　　　]　　　　　　[　　　　　　]

2 次の展開図を組み立ててできる直方体や立方体の体積を
求めましょう。

❶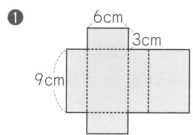

❷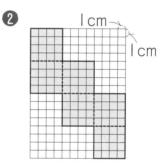

[　　　　　　]　　　　　　[　　　　　　]

答えは72ページ☞

直方体や立方体の体積 ②

1 次のような形の体積を求めましょう。

❶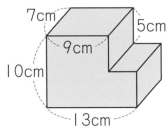

❷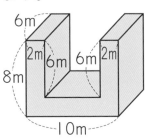

[　　　　　　　]　　　　[　　　　　　　]

2 厚さ1cmの板で，右のような直方体の形をした入れ物をつくりました。

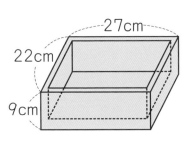

❶ この入れ物の容積は何 cm³ ですか。

[　　　　　　　]

❷ この入れ物の容積は何 L ですか。

[　　　　　　　]

答えは72ページ☞

変わり方 ①

1 1個20円のあめを何個かと100円のジュースを1本買うときの，あめの個数と代金の関係を調べます。

❶ あめの個数と代金の関係を表に表します。表のあいているところにあてはまる数を書きましょう。

あめの個数（個）	1	2	3	4	5	6
代金（円）	120					

❷ あめの個数が1個増えると，代金は何円増えますか。

[　　　　　　]

❸ あめの個数を□個，代金を○円として，あめの個数と代金の関係を式に表しましょう。

[　　　　　　]

❹ あめを9個買うときの代金は何円ですか。

[　　　　　　]

❺ あめを14個買うときの代金は何円ですか。

[　　　　　　]

答えは72ページ☞

変わり方 ②

1 次のともなって変わる２つの量で，○は□に比例して
いますか。

① 立方体の１辺の長さ□cm と体積○ cm^3

１辺の長さ　□(cm)	１	2	3	4	
体積　　　　○(cm^3)	１	8	27	64	

[　　　　　　　　　　　　]

② １m の重さが20 g のはり金の長さ□m と重さ○ g

長さ　　　　□(m)	１	2	3	4	
重さ　　　　○(g)	20	40	60	80	

[　　　　　　　　　　　　]

2 １本60 円のえん筆を□本買うときの，代金を○円とし
ます。

① 本数□本と代金○円の関係を式に表しましょう。

[　　　　　　　　　　　　]

② えん筆を12 本買うときの代金は何円ですか。

[　　　　　　　　　　　　]

答えは72ページ ☞

合同な図形 ①

1 次の図形の中から，合同な図形を見つけて，すべて答え
ましょう。

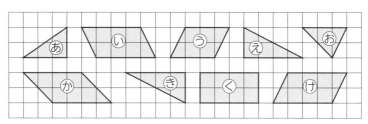

[　　　　　　　　　　　　　　　　　　　　　　]

2 右の２つの四角形
は合同です。

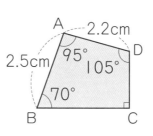 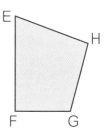

❶ 辺ＢＣに対応する
辺はどれですか。

[　　　　　　　]

❷ 辺ＨＧの長さを求めましょう。

[　　　　　　　]

❸ 角Ｅの大きさを求めましょう。

対応する角は
どこかな？

[　　　　　　　]

合同な図形 ②

1 右の三角形ＡＢＣと合同な三角形
をかくには，あと何がわかればよ
いですか。

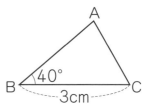

[　　　　　　　　　]または, [　　　　　　　　　　]

2 3つの辺の長さが 4 cm，3.5 cm，3 cm の三角形をか
きましょう。

3 右の四角形と合同な四角形
をかきましょう。

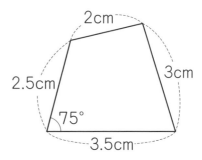

答えは72ページ ☞

まとめテスト ③

1 次の直方体や立方体の体積は何 m³ ですか。

❶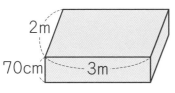

❷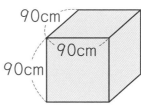

[　　　　　　　]　　　[　　　　　　　]

2 次のともなって変わる2つの量で，○が□に比例して
いるものはどちらですか。

あ　ひし形の1辺の長さ□cm とまわりの長さ○cm

い　まわりの長さが12cm の長方形の，たての長さ□cm
と横の長さ○cm

[　　　　　　　]

3 右の2つの三角形は合同
です。辺ABに対応する辺
はどれですか。

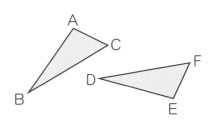

[　　　　　　]

答えは72ページ ☞

まとめテスト ④

1 たて 4 cm，横 6 cm，高さ □ cm の直方体の体積を
○ cm^3 とします。

❶ 高さ□ cm と体積○ cm^3 の関係を式に表しましょう。

[　　　　　　　　　　　　]

❷ ○は□に比例していますか。

[　　　　　　　　　　　　]

2 右のような形の体積を求めま
しょう。

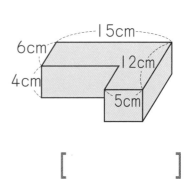

[　　　　　　　　　　　　]

3 1つの辺の長さが 3 cm で，その両はしの角の大きさが
70°と 50°の三角形をかきましょう。

答えは73ページ

倍数と公倍数 ①

1 次の数は，偶数ですか，奇数ですか。

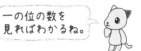

一の位の数を
見ればわかるね。

❶ 38

❷ 427

[　　　　　　　]　　　　[　　　　　　　]

❸ 26+5

❹ 101+33

[　　　　　　　]　　　　[　　　　　　　]

2 次の数の倍数を，小さい方から順に 3 つ書きましょう。

❶ 7

❷ 12

[　　　　　　　]　　[　　　　　　　]

3 4，5，6 の数字を 1 回ずつ使ってできる 3 けたの整数
のうち，いちばん大きい奇数はいくつですか。

[　　　　　　　]

4 1 から 50 までの整数のうち，8 の倍数は何個ありますか。

[　　　　　　　]

答えは73ページ ☞

倍数と公倍数 ②

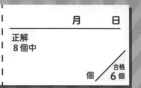

正解
8個中

月　　　日

個／合格 6個

---

1 （　）の中の数の公倍数を，小さい方から順に３つ求め
ましょう。

❶（2，5）

[　　　　　　　　　　　]

❷（3，6）

[　　　　　　　　　　　]

❸（4，6）

[　　　　　　　　　　　]

❹（4，10）

[　　　　　　　　　　　]

2 （　）の中の数の最小公倍数を求めましょう。

❶（2，4，5）　　　　　　❷（3，5，10）

[　　　　　]　　　　[　　　　　]

❸（4，6，8）　　　　　　❹（4，9，18）

[　　　　　]　　　　[　　　　　]

答えは73ページ☞

倍数と公倍数 ③

1 ある駅から上り電車は 10 分おき，下り電車は 18 分おきに発車します。午前 7 時ちょうどに，両方が同時に発車しました。次に同時に発車するのは，何時何分ですか。

[　　　　　　　]

2 たて 9 cm，横 12 cm の長方形のカードを，同じ向きにすきまなくしきつめて，いちばん小さい正方形をつくります。このとき，カードは何まい必要ですか。

[　　　　　　　]

3 100 個より少ない数のあめがあります。このあめを，4 人に同じ数ずつ配ると，あまりなく分けることができます。また，5 人，6 人にも同じように分けることができます。あめは何個ありますか。

[　　　　　　　]

答えは73ページ ☞

約数と公約数 ①

1 次の数の約数を，小さい方から順に全部書きましょう。

❶ 6

[　　　　　　　　　　　　　]

❷ 15

[　　　　　　　　　　　　　]

❸ 28

[　　　　　　　　　　　　　]

❹ 50

[　　　　　　　　　　　　　]

❺ 64

[　　　　　　　　　　　　　]

2 次の数の約数を，全部たすといくつになりますか。

❶ 9

[　　　　　　　]

❷ 24

[　　　　　　　]

答えは73ページ☞

約数と公約数 ②

1　（　）の中の数の公約数を，小さい方から順に全部求めましょう。

❶（10, 15）

[　　　　　　　　　　]

❷（8, 12）

[　　　　　　　　　　]

❸（14, 42）

[　　　　　　　　　　]

❹（24, 60）

[　　　　　　　　　　]

2　（　）の中の数の最大公約数を求めましょう。

❶（9, 12, 15）　　　　　❷（18, 30, 36）

[　　　　　]　　　　[　　　　　]

❸（16, 40, 56）　　　　❹（30, 45, 75）

[　　　　　]　　　　[　　　　　]

答えは73ページ ☞

約数と公約数 ③

1 えん筆が70本，ノートが28さつあります。それぞれ同じ数ずつ，あまりがないように，なるべく多くの子どもに分けます。

❶ 何人に分けることができますか。

[　　　　　　　　]

❷ 1人分のえん筆の本数，ノートのさっ数を，それぞれ求めましょう。

えん筆 [　　　　　　] ノート [　　　　　　]

2 たて27cm，横45cm，高さ18cmの直方体を，同じ大きさの立方体に切り分け，残りがないようにします。

❶ 切り分けられる立方体のうち，いちばん大きい立方体の1辺の長さは何cmですか。

[　　　　　　　　]

❷ いちばん大きく切り分けると，立方体は何個できますか。

[　　　　　　　　]

答えは73ページ ☞

まとめテスト ⑤

1 次の和は，偶数ですか，奇数ですか。

❶ （偶数）＋（偶数）　　　　❷ （奇数）＋（偶数）

[　　　　　　　]　　　　[　　　　　　　]

2 （　）の中の数の最小公倍数を求めましょう。

❶ （9，21）　　　　❷ （5，16，20）

[　　　　　　　]　　　　[　　　　　　　]

3 たて 75 cm，横 90 cm の長方形の紙を，同じ大きさ
の正方形に切り分け，残りがないようにします。

❶ 切り分けられる正方形のうち，いちばん大きい正方形の
１辺の長さは何 cm ですか。

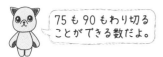

75 も 90 もわり切る
ことができる数だよ。

[　　　　　　　]

❷ いちばん大きく切り分けると，正方形は何まいできます
か。

[　　　　　　　]

答えは74ページ ☞

まとめテスト ⑥

1 10の約数を，全部たすといくつになりますか。

[　　　　　　　]

2 （　）の中の数の最大公約数を求めましょう。

❶ （22，55）　　　　　　　❷ （28，44）

[　　　　　]　　　　[　　　　　]

❸ （21，35，42）　　　　　❹ （36，48，84）

[　　　　　]　　　　[　　　　　]

3 Aのベルは6分おき，Bのベルは14分おき，Cのベルは21分おきに鳴ります。午前8時ちょうどに，3つのベルが同時に鳴りました。

❶ 次に3つのベルが同時に鳴るのは，何時何分ですか。

[　　　　　]

❷ 午前8時から正午までの間に，3つのベルは何回同時に鳴りますか。

[　　　　　]

答えは74ページ☞

分数と小数・整数 ①

1 分数で答えましょう。

❶ 4 m のリボンを 3 等分すると，1 本分の長さは何 m に
なりますか。

[　　　　　　　]

❷ 5 L のジュースを 16 人で等分すると，1 人分は何 L に
なりますか。

[　　　　　　　]

2 赤，白，黒の箱があります。赤の箱の重さは 7 kg，白
の箱の重さは 10 kg，黒の箱の重さは 9 kg です。次の
問いに分数で答えましょう。

❶ 黒の箱の重さは，赤の箱の重さの何倍ですか。

[　　　　　　　]

❷ 黒の箱の重さは，白の箱の重さの何倍ですか。

[　　　　　　　]

❸ 白の箱の重さは，黒の箱の重さの何倍ですか。

[　　　　　　　]

答えは74ページ ☞

分数と小数・整数 ②

1 次の分数を，小数や整数で表しましょう。

❶ $\dfrac{3}{2}$

❷ $\dfrac{8}{5}$

[　　　　　]　　　　[　　　　　]

❸ $\dfrac{49}{7}$

❹ $2\dfrac{3}{4}$

[　　　　　]　　　　[　　　　　]

2 次の小数や整数を，分数で表しましょう。

❶ 0.3

❷ 4

[　　　　　]　　　　[　　　　　]

❸ 0.81

❹ 2.09

[　　　　　]　　　　[　　　　　]

3 15 m のテープを 8 等分した 1 本分の長さは何 m ですか。答えを，分数と小数で表しましょう。

分数 [　　　　　]　　小数 [　　　　　]

答えは74ページ ☞

等しい分数 ①

1 □にあてはまる数を書きましょう。

❶ $\dfrac{5}{7} = \dfrac{\boxed{}}{14} = \dfrac{15}{\boxed{}}$

❷ $\dfrac{36}{48} = \dfrac{\boxed{}}{24} = \dfrac{12}{\boxed{}}$

2 次の分数を約分しましょう。

❶ $\dfrac{10}{14}$

❷ $\dfrac{15}{18}$

❸ $\dfrac{35}{14}$

[　　　　] 　 [　　　　] 　 [　　　　]

❹ $\dfrac{48}{32}$

❺ $1\dfrac{6}{10}$

❻ $3\dfrac{75}{100}$

[　　　　] 　 [　　　　] 　 [　　　　]

3 次の分数の中から，$\dfrac{2}{3}$と大きさの等しい分数をすべて見つけ，○で囲みましょう。

$\dfrac{6}{9}$ 　 $\dfrac{3}{2}$ 　 $\dfrac{7}{8}$ 　 $\dfrac{6}{15}$ 　 $\dfrac{8}{12}$ 　 $\dfrac{23}{32}$ 　 $\dfrac{48}{72}$

答えは74ページ☞

等しい分数 ②

1 □にあてはまる等号や不等号を書きましょう。

❶ $\frac{2}{3}$ □ $\frac{3}{4}$

❷ $\frac{7}{8}$ □ $\frac{5}{6}$

❸ $1\frac{6}{10}$ □ $1\frac{3}{5}$

❹ $2\frac{4}{9}$ □ $2\frac{7}{15}$

2 （　）の中の分数を通分しましょう。

❶ $\left(\frac{1}{2},\ \frac{2}{5}\right)$

❷ $\left(\frac{2}{9},\ \frac{1}{6}\right)$

[　　　　　]　　　[　　　　　]

❸ $\left(1\frac{3}{7},\ 1\frac{2}{3}\right)$

❹ $\left(2\frac{4}{15},\ 1\frac{7}{10}\right)$

[　　　　　]　　　[　　　　　]

❺ $\left(\frac{1}{3},\ \frac{3}{4},\ \frac{5}{8}\right)$

❻ $\left(\frac{3}{8},\ \frac{5}{12},\ \frac{7}{16}\right)$

[　　　　　]　　　[　　　　　]

答えは74ページ ☞

分数のたし算とひき算 ①

1 水がコップに $\dfrac{1}{5}$ L，水とうに $\dfrac{5}{8}$ L 入っています。合わせると何 L になりますか。

[　　　　　　]

2 右の図で，家から図書館までの道のりは何 km ですか。

図書館

家

$2\dfrac{5}{12}$ km

$1\dfrac{3}{4}$ km

[　　　　　　]

3 ペンキぬりをしました。板を，1 ぱんは $\dfrac{7}{8}$ m^2，2 はんは $\dfrac{5}{6}$ m^2，3 ぱんは $\dfrac{3}{4}$ m^2 ぬったそうです。合わせて何 m^2 の板にペンキをぬりましたか。

まずは通分！

[　　　　　　]

答えは74ページ ☞

1 $\dfrac{5}{9}$ m の赤いリボンと，$\dfrac{5}{6}$ m の青いリボンがあります。
どちらが何 m 長いですか。

[　　　　　　　　　　　　　　]

2 $3\dfrac{1}{4}$ kg の米があります。$1\dfrac{7}{10}$ kg 使うと，残りは何 kg
になりますか。

[　　　　　　　]

3 2 L のジュースを，兄が $\dfrac{5}{16}$ L，妹が $\dfrac{1}{4}$ L 飲みました。
ジュースは何 L 残りましたか。

[　　　　　　　]

　　　答えは75ページ ☞

まとめテスト ⑦

正解 5個中　　　　月　　日
個 / 合格 4個

1 次の分数を小数で，小数を分数で表しましょう。

❶ $\dfrac{9}{4}$　　　　❷ 0.07

[　　　　] 　 [　　　　]

2 （　）の中の分数を通分しましょう。

❶ $\left(1\dfrac{1}{3},\ 1\dfrac{2}{7}\right)$　　　　❷ $\left(\dfrac{1}{2},\ \dfrac{3}{4},\ \dfrac{5}{11}\right)$

[　　　　]　[　　　　]

3 まりさんは本を読んでいます。1日目は全体の$\dfrac{1}{4}$，2日目は全体の$\dfrac{2}{9}$，3日目は全体の$\dfrac{1}{6}$読みました。合わせて全体のどれだけ読んだことになりますか。

[　　　　]

答えは75ページ

まとめテスト ⑧

1 分数で答えましょう。

❶ 8 m は 3 m の何倍ですか。

[　　　　　　　　]

❷ 9 kg を 1 とみると, 4 kg はいくつにあたりますか。

[　　　　　　　　]

2 次の分数を約分しましょう。

❶ $\dfrac{8}{28}$　　　　　❷ $\dfrac{28}{21}$　　　　　❸ $2\dfrac{45}{75}$

[　　　　] 　　[　　　　] 　　[　　　　]

3 $1\dfrac{5}{6}$ m のテープがあります。このテープから姉が $\dfrac{3}{5}$ m, 弟が $\dfrac{1}{2}$ m 切り取りました。残ったテープの長さは何 m ですか。

[　　　　　　　　]

答えは75ページ

図形の角 ①

1 あ，い，う，えの角の大きさを求めましょう。

❶
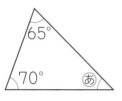

[　　　　　　]

❷
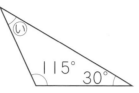

[　　　　　　]

❸
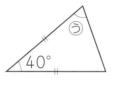

二等辺三角形

[　　　　　　]

❹
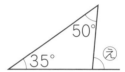

[　　　　　　]

2 右の図のように，１組の三角じょうぎを重ねてできたあの角の大きさを求めましょう。

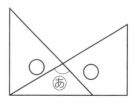

[　　　　　　]

答えは75ページ ☞

図形の角 ②

1 あ，い，う，えの角の大きさを求めましょう。

❶

❷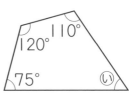

[　　　　　　] 　 [　　　　　　]

❸

平行四辺形

❹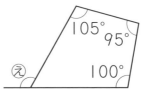

[　　　　　　] 　 [　　　　　　]

2 右の図のように，1組の三角じょ
うぎを重ねてできたあの角の大き
さを求めましょう。

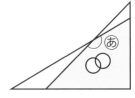

[　　　　　　]

答えは75ページ ☞

図形の角 ③

1 五角形の角の大きさの和を求めます。

❶ 1つの頂点から対角線をひくと, いくつの三角形に分けられますか。

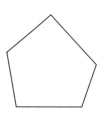

[　　　　　　]

❷ 五角形の角の大きさの和を求めましょう。

[　　　　　　]

2 六角形の角の大きさの和を求めるために, 右の図のように線をひきました。

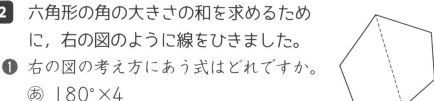

❶ 右の図の考え方にあう式はどれですか。

　あ　180°×4
　い　360°×2
　う　180°×6−360°

[　　　　　　]

❷ 六角形の角の大きさの和を求めましょう。

❶を利用しよう。

[　　　　　　]

答えは76ページ ☞

面積の求め方 ①

1 次の平行四辺形の面積を求めましょう。

❶

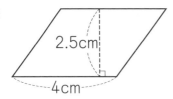

2.5cm
4cm

❷

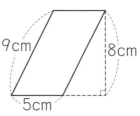

9cm
8cm
5cm

[　　　　　]　　[　　　　　]

❸

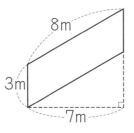

8m
3m
7m

❹

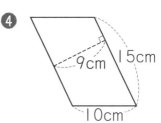

9cm
15cm
10cm

[　　　　　]　　[　　　　　]

2 面積が 42 cm² で，底辺の長さが 6 cm の平行四辺形の高さは何 cm ですか。

[　　　　　]

答えは76ページ

面積の求め方 ②

1 次の三角形の面積を求めましょう。

❶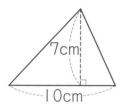

7cm
10cm

❷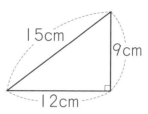

15cm
9cm
12cm

[　　　　　　]　　　　[　　　　　　]

❸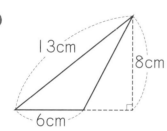

13cm
8cm
6cm

❹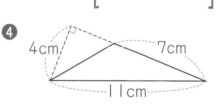

4cm
7cm
11cm

[　　　　　　]　　　　[　　　　　　]

2 面積が $36\,cm^2$ で，高さが $8\,cm$ の三角形の底辺の長
さは何 cm ですか。

[　　　　　　]

答えは76ページ ☞

面積の求め方 ③

1 次の台形の面積を求めましょう。

❶
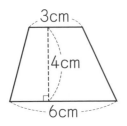
3cm
4cm
6cm

❷
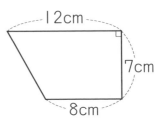
12cm
7cm
8cm

[　　　　　　　] 　　[　　　　　　　]

❸
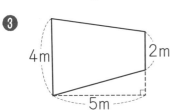
4m
2m
5m

❹
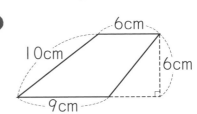
6cm
10cm
6cm
9cm

[　　　　　　　] 　　[　　　　　　　]

2 面積が 18 cm² で，上底の長さが 5 cm，下底の長さが
7 cm の台形の高さは何 cm ですか。

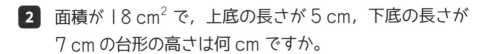

[　　　　　　　]

面積の求め方 ④

1 次のひし形の面積を求めましょう。

❶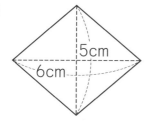

❷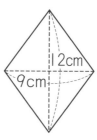

[　　　　　]　　　　[　　　　　]

❸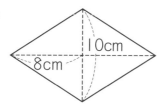

❹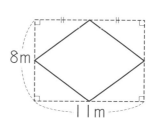

[　　　　　]　　　　[　　　　　]

2 面積が 14 cm² で，一方の対角線の長さが 7 cm のひし形の，もう一方の対角線の長さは何 cm ですか。

[　　　　　]

答えは76ページ ☞

面積の求め方 ⑤

1 次の図形の面積を求めましょう。

❶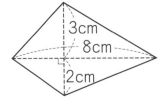

3cm
8cm
2cm

[　　　　　　　　]

❷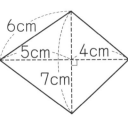

6cm
5cm　4cm
7cm

[　　　　　　　　]

❸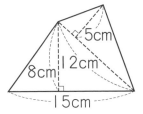

5cm
12cm
8cm
15cm

[　　　　　　　　]

❹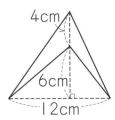

4cm
6cm
12cm

[　　　　　　　　]

2 右の平行四辺形ＡＢＣＤで，色のついた部分の面積を求めましょう。

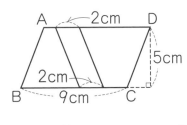

A　　2cm　　D
5cm
2cm
B　　9cm　　C

[　　　　　　　　]

答えは76ページ ☞

まとめテスト ⑨

1 あ，いの角の大きさを求めましょう。

❶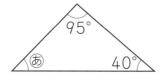

❷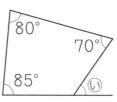

[　　　　　]　　　　[　　　　　]

2 次の図形の面積を求めましょう。

❶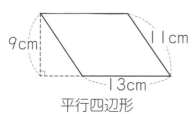

平行四辺形

❷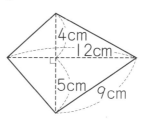

[　　　　　]　　　　[　　　　　]

3 右の長方形で，色のついた部分
の面積を求めましょう。

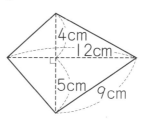

[　　　　　]

答えは76ページ ☞

まとめテスト ⑩

1 ⓐ，ⓘの角の大きさを求めましょう。

❶

二等辺三角形

❷

[　　　　　] 　　　[　　　　　]

2 次の図形の面積を求めましょう。

❶

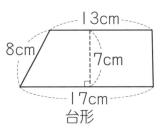

台形

❷

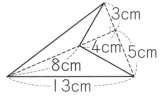

[　　　　　] 　　　[　　　　　]

3 右の平行四辺形で，色のついた部分の面積を求めましょう。

[　　　　　]

平均 ①

1 下の数は，ひろきさんの漢字テストの得点を表したものです。1 回のテストで, 平均何点とったことになりますか。

15, 20, 17, 19, 20

[　　　　　　　]

2 下の表は，ゆうかさんが 1 さつの本を読み始めてから読み終わるまでの，曜日と，その日に読んだページ数を表しています。1 日に平均何ページ読んだことになりますか。

曜日	日	月	火	水	木	金	土	日
ページ数（ページ）	23	14	20	0	15	18	24	30

[　　　　　　　]

3 けんとさんの家では，30 日間で 16.5 kg の米を食べました。1 日に平均何 kg の米を食べたことになりますか。

[　　　　　　　]

答えは77ページ ☞

平 均 ②

1 ある店では，ハンバーグをつくるとき，1個平均 120 g のひき肉を使います。

❶ ハンバーグを 5 個つくると，何 g のひき肉を使うことになりますか。

[　　　　　　]

❷ 15 kg のひき肉を使うと，何個のハンバーグがつくれることになりますか。

[　　　　　　]

2 ゆうきさんは，1日平均 40 分ずつ犬の散歩をしています。1週間では，合計何時間何分犬の散歩をすることになりますか。

[　　　　　　]

3 りえさんの国語，社会，算数，理科のテストの平均点は 79 点で，国語は 90 点，社会は 82 点，算数は 74 点でした。理科は何点でしたか。

まず，合計点を求めよう。

[　　　　　　]

答えは77ページ ☞

1 あるクラスで，A，B 2 つのグループに分かれてソフ
トボール投げをしました。記録は，A グループ 16 人の
平均が 24 m，B グループ 14 人の平均が 15 m でした。
このクラスの記録の平均は何 m ですか。

[　　　　　　　]

2 はるかさんが，あるゲームをしたところ，5 回の得点の
平均は 86.4 点で，6 回目は 93 点でした。6 回の得点
の平均は何点になりましたか。

[　　　　　　　]

3 たけるさんは，日曜日から金曜日まで，1 日平均 1.8 km
ずつ走りました。土曜日に何 km 走れば，1 週間の平均
が 2 km になりますか。

[　　　　　　　]

単位量あたりの大きさ ①

1 右の表は，A，B，Cの公
園の面積と，遊んでいる子
どもの人数を表したもので
す。

	面積(m^2)	人数(人)
A	650	52
B	480	36
C	320	㋐

❶ AとBの公園では，どちら
がこんでいますか。

[　　　　　　　　　　]

❷ Bの公園のこみぐあいと，Cの公園のこみぐあいは同じ
です。表の㋐にあてはまる数を求めましょう。

[　　　　　　　　　　]

2 右の表は，秋田県と
熊本県の面積と人口
を表しています。そ
れぞれの人口密度は

	面積(km^2)	人口(千人)
秋田	11638	960
熊本	7409	1738

（2020年）（2022/23年版「日本国勢図会」）

何人ですか。答えは四捨五入して，整数で表しましょう。

秋田県 [　　　　　　　] 　熊本県 [　　　　　　　]

答えは77ページ☞

1 右の表は，Aさんの家とB
さんの家のさつまいも畑
の面積と，とれたさつまい
もの重さを表したものです。

	面積(m^2)	とれた重さ(kg)
A	30	81
B	46	115

さつまいもがよくとれたといえるのは，どちらの家の畑
ですか。

[　　　　　　　　　　]

2 体積が $16\ cm^3$ で重さが $168\ g$ の銀のかたまりと，体
積が $50\ cm^3$ で重さが $448\ g$ の銅のかたまりがありま
す。銀と銅では，$1\ cm^3$ あたりの重さは，どちらが重い
ですか。

[　　　　　　　　　　]

3 $600\ g$ で 1620 円の肉Aと，$1\ kg$ で 2580 円の肉B
では，$100\ g$ あたりのねだんはどちらが安いですか。

[　　　　　　　　　　]

単位量あたりの大きさ ③

1 ガソリン 30 L で 495 km 走る自動車 A と，ガソリン 55 L で 880 km 走る自動車 B があります。ガソリン 1 L あたりに走る道のりが長いのは，どちらの自動車ですか。

[　　　　　]

2 かべをぬるのに，1 m² あたり 0.4 L のペンキを使います。

❶ かべを 3.3 m² ぬるには，ペンキが何 L 必要ですか。

[　　　　　]

❷ 18 L のペンキで，何 m² のかべをぬることができますか。

[　　　　　]

3 1 分間に 60 まいの印刷ができる機械 A と，72 まいの印刷ができる機械 B があります。2 つの機械で，同時に 5 分間印刷をしました。印刷したまい数の差は何まいですか。

[　　　　　]

速　さ ①

1 Aさんは8分間に480m歩き，Bさんは6分間に
390m歩きました。どちらが速いですか。

[　　　　　　　]

2 2時間で96km走るオートバイと，3時間で126km
走る自動車とでは，どちらが速いですか。

[　　　　　　　]

3 340kmを4時間で走る貨物列車の時速は何kmですか。

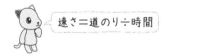
速さ＝道のり÷時間

[　　　　　　　]

4 900mの道のりを，15分間で走って往復する人の分
速は何mですか。

[　　　　　　　]

速 さ ②

1 クジラが5時間で60km泳ぎました。

① このクジラの時速は何kmですか。

[　　　　　　　　]

② このクジラの分速は何mですか。

[　　　　　　　　]

2 まさとさんは4分間で720m走りました。

① まさとさんの分速は何mですか。

[　　　　　　　　]

② まさとさんの秒速は何mですか。

[　　　　　　　　]

3 時速100kmと秒速60mとでは,どちらが速いですか。

[　　　　　　　　]

速　さ ③

1 時速 17 km で走る自転車は, 3 時間に何 km 進みます
か。

[　　　　　　　]

2 分速 650 m で飛ぶハトは, 8 分間に何 m 進みますか。

[　　　　　　　]

3 時速 90 km で走る電車は, 25 分間に何 km 進みます
か。

[　　　　　　　]

4 いなずまを見てから, 7 秒後にかみなりの音を聞きまし
た。かみなりから音を聞いた場所までは, およそ何 m
ありましたか。上から 2 けたのがい数で求めましょう。
ただし, 音が空気中を伝わる速さは秒速 340 m とし,
いなずまは光ると同時に見えるとします。

[　　　　　　　]

答えは78ページ☞

1 時速 80 km で走る自動車があります。

① この自動車が 400 km 走るのにかかる時間は何時間ですか。

[　　　　　　　]

② この自動車が 280 km 走るのにかかる時間は何時間ですか。

[　　　　　　　]

2 家から市役所までの道のりは 1600 m です。この道のりを分速 64 m で歩くと，何分かかりますか。

[　　　　　　　]

3 家から自転車に乗って，分速 250 m で公園まで行ったところ，8 分かかりました。同じ道を，分速 200 m でもどると，何分かかりますか。

[　　　　　　　]

まとめテスト ⑪

1 下の表は，あるクラスのゲームの得点を表したものです。このクラスの平均点は何点ですか。

得点 (点)	0	1	2	3	4	5
人数 (人)	1	1	3	5	8	6

[　　　　　　]

2 6300 m を 7 分で走るモノレールがあります。

❶ このモノレールの分速は何 m ですか。

[　　　　　　]

❷ このモノレールの時速は何 km ですか。

[　　　　　　]

3 ある市の面積は 212 km² ，人口は 19 万人です。この市の人口密度は何人ですか。答えは四捨五入して，上から 2 けたのがい数で表しましょう。

[　　　　　　]

答えは78ページ ☞

まとめテスト ⑫

1 ある週の月曜日から金曜日までの給食で，1食平均
670 kcal のエネルギーをとりました。この週の給食
で合計何 kcal のエネルギーをとりましたか。

[　　　　　]

2 3さつで345円のノートAと，8さつで896円のノー
トBでは，1さつあたりのねだんはどちらが高いですか。

[　　　　　]

3 池のまわりに，1周が2700 m の道があります。この
道を，兄は分速75 m，弟は分速60 m で歩きます。2人
は同じ地点から，同時に，反対の方向に歩き始めました。
兄と弟が出会うのは，歩き始めてから何分後ですか。

[　　　　　]

割合 ①

1 小数や整数で表した割合を，百分率，歩合で表し，表を完成させましょう。

小数,整数	0.3	0.08	2
百分率	30%	❷	❸
歩合	❶	8分	❹

小数	0.005	1.07	0.406
百分率	❺	❻	❽
歩合	5厘	❼	❾

2 百分率や歩合で表した割合を，小数で表しましょう。

❶ 9%

❷ 100.2%

[　　　　]　　　　[　　　　]

❸ 3割4分

❹ 6割5分1厘

[　　　　]　　　　[　　　　]

答えは79ページ☞

1 ある小学校の 5 年生の人数は 75 人で，今日 6 人が欠席しました。欠席した人数は 5 年生の人数の何％ですか。

[　　　　　　　]

2 パンジーの種を 80 個まいたら，そのうち 52 個が発芽しました。発芽した種はまいた種の何％ですか。

[　　　　　　　]

3 1 車両の定員が 140 人の電車があります。この車両に❶，❷の人数の人が乗っているとき，乗っている人数は定員のそれぞれ何％ですか。

❶ 98 人

[　　　　　　　]

❷ 252 人

定員より多く
乗っているか
ら割合は…

[　　　　　　　]

答えは79ページ ☞

1 ある小学校の5年生の人数は90人で, そのうち犬を飼っている人は20%です。犬を飼っている人は何人ですか。

[　　　　　　　　]

2 たんぱく質が12%ふくまれているかまぼこがあります。このかまぼこ150gにふくまれているたんぱく質は何gですか。

[　　　　　　　　]

3 ある店で, 定価3500円のサッカーボールが, 定価の70%のねだんで売られています。

① 何円で売られていますか。

[　　　　　　　　]

② 定価より何円安くなっていますか。

[　　　　　　　　]

答えは79ページ☞

割合 ④

1 まさとさんの家の花だんの面積は $21 m^2$ で，庭全体の面積の 30% にあたります。まさとさんの家の庭全体の面積は何 m^2 ですか。

[　　　　　]

2 ある店で，ハンカチを 420 円で売っています。このねだんは，仕入れねの 120% にあたります。ハンカチの仕入れねは何円ですか。

[　　　　　]

3 ある小学校で，99 人の児童がインフルエンザのため欠席しました。これは，全校児童数の 18% にあたります。この小学校の全校児童数は何人ですか。

[　　　　　]

答えは79ページ ☞

割合のグラフ ①

1 下の帯グラフは，まきさんの小学校で10月にけがをした人の種類別の人数の割合を表したものです。

| すりきず | ねんざ | 打ぼく | 切りきず | その他 |

0 10 20 30 40 50 60 70 80 90 100%

❶ ねんざの割合は全体の何％ですか。

[　　　　　　]

❷ けがをした人は全部で50人です。打ぼくの人数は何人ですか。

[　　　　　　]

2 下の表は，図書室で1週間に借りられた本の種類別のさっ数の割合を表したものです。この表を帯グラフに表しましょう。

種類	物語	伝記	図かん	その他	合計
百分率(%)	45	21	10	24	100

0 10 20 30 40 50 60 70 80 90 100%

答えは79ページ

割合のグラフ ②

1 右のグラフは，都道府県別の
ももの収かく量の割合を表し
たものです。

❶ 福島県の収かく量は，全体の
何％ですか。

[　　　　　　　　]

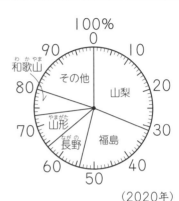

(2020年)
(2022/23年版「日本国勢図会」)

❷ 山梨県の収かく量は，全体の
およそ何分の１ですか。

[　　　　　　　　]

2 右の表は，都道府県別のピー
マンの収かく量の割合を表し
たものです。右の表の割合を，
円グラフに表しましょう。

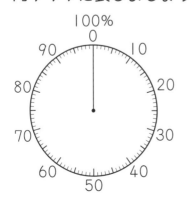

都道府県	百分率(%)
茨城	23
宮崎	19
高知	9
鹿児島	8
その他	41
合計	100

(2020年)
(2022/23年版「日本国勢図会」)

答えは79ページ

まとめテスト ⑬

1 小数で表した割合を，百分率で表しましょう。

❶ 0.092

❷ 3.176

[　　　　　　]　　　[　　　　　　]

2 ある町の野球チームに入っている人数は 65 人で，5 年生と 6 年生は 52 人です。5 年生と 6 年生の人数は，チームの人数の何％ですか。

[　　　　　　]

3 ゆいさんの小学校で，好きな色について調べて，右の円グラフに表しました。

❶ 赤が好きな人は何％ですか。

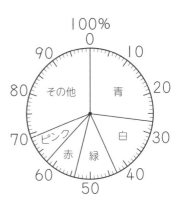

[　　　　　　]

❷ 白が好きな人は，赤が好きな人の何倍ですか。

[　　　　　　]

答えは79ページ ☞

まとめテスト ⑭

1 百分率や歩合で表した割合を，小数で表しましょう。

① 5.5%　　　　　　② 130%

[　　　　　]　　　[　　　　　]

③ 2分4厘　　　　　④ 17割

[　　　　　]　　　[　　　　　]

2 姉は定価 800 円の手ぶくろを，定価の 15%引きのねだんで買い，妹は同じ手ぶくろを 690 円で買いました。どちらが何円安く買いましたか。

[　　　　　　　　　　　]

3 ある図書館で，今日 1240 さつの本が貸し出されました。これは，この図書館の本の 0.4%にあたります。この図書館の本のさっ数を求めましょう。

[　　　　　　　　　　　]

正多角形と円周の長さ ①

1 次の多角形のうち，正多角形には○，正多角形ではない
ものには×をつけましょう。

❶ [　　] 正三角形　　　　❷ [　　] 二等辺三角形

❸ [　　] 台形　　　　　　❹ [　　] 正方形

❺ [　　] ひし形　　　　　❻ [　　] 正十五角形

2 半径が4cmの円を使って，円の中
心のまわりを等分する方法で，正六
角形をかきました。

❶ ㋐，㋑の角の大きさを求めましょう。

　　　　　　㋐ [　　　　　　]　㋑ [　　　　　　]

❷ 正六角形のまわりの長さを求めましょう。

> 1辺の長さは
> 半径と等しいね。

[　　　　　　]

答えは79ページ ☞

正多角形と円周の長さ ②

1 次の円の，円周の長さを求めましょう。

❶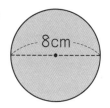

8cm

❷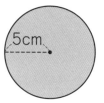

5cm

[　　　　　]　　　　　[　　　　　]

2 右の図のまわりの長さを求めま
しょう。

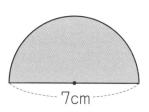

7cm

[　　　　　]

3 タイヤの直径が 60 cm の自動車があります。タイヤが
1 回転すると，自動車は何 cm 進みますか。

[　　　　　]

答えは80ページ ☞

正多角形と円周の長さ ③

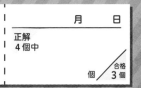

1 次の円の直径の長さを求めましょう。

❶ 円周の長さが 18.84 cm の円

[　　　　　　]

❷ 円周の長さが 47.1 cm の円

[　　　　　　]

2 運動公園に, 右の図のような線をひき, 100 m のコースをつくります。

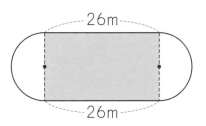

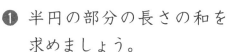

❶ 半円の部分の長さの和を求めましょう。

[　　　　　　]

❷ 長方形の部分のたての長さは何 m にすればよいですか。答えは四捨五入して, $\frac{1}{100}$ の位までのがい数で求めましょう。

[　　　　　　]

角柱と円柱 ①

1 何という立体ですか。

❶

❷

[　　　　　　　]　　　　　[　　　　　　　]

2 右のような角柱があります。

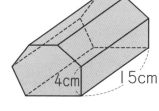
4cm　　15cm

❶ この角柱の底面はどんな形です
か。

[　　　　　　　]

❷ この角柱は何という角柱ですか。

[　　　　　　　]

❸ この角柱の側面はどんな形ですか。

[　　　　　　　]

❹ この角柱の高さは何 cm ですか。

[　　　　　　　]

❺ 底面に垂直な辺はいくつありますか。

[　　　　　　　]

答えは80ページ ☞

角柱と円柱 ②

1 右の図は，ある角柱の見取
図をとちゅうまでかいたも
のです。

❶ 何という角柱ですか。

[　　　　　　]

❷ この角柱の高さは何 cm で
すか。

[　　　　　　]

❸ 続きをかいて，見取図を完成させましょう。

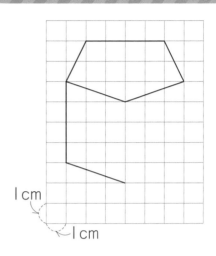

1 cm

1 cm

2 右の図は，高さ 7 cm の円
柱の見取図をとちゅうまで
かいたものです。

❶ 底面の円の直径は何 cm で
すか。

[　　　　　　]

❷ 続きをかいて，見取図を完
成させましょう。

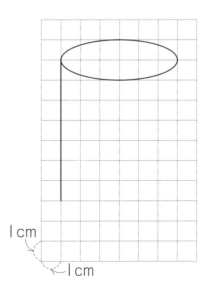

1 cm

1 cm

答えは80ページ ☞

角柱と円柱 ③

1 右の図は，ある立体
の展開図です。

❶ この展開図を組み立
てると，何という立
体ができますか。

[　　　　　　]

❷ この立体の高さは
何 cm ですか。

[　　　　　　]

❸ 辺ＡＢの長さは何 cm ですか。

A

B

1 cm

1 cm

[　　　　　　]

2 右の図は，高さが 26cm
の円柱の，側面の展開図
です。底面の円をかくとき，
半径を何 cm にすればよい
ですか。

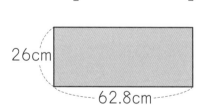

26cm

62.8cm

[　　　　　　]

答えは80ページ ☞

まとめテスト ⑮

月　　　日

正解
4個中

個／合格 3個

1 何という立体ですか。

❶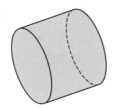

❷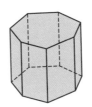

[　　　　　]　　　　[　　　　　]

2 右の図で，外側の円の円周の長さは，内側の円の円周の長さより何 cm 長いですか。

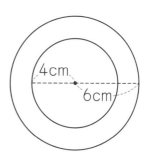

[　　　　　]

3 右の円の中心のまわりの角を等分する方法で，正五角形をかきましょう。

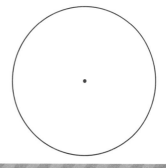

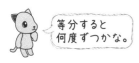
等分すると
何度ずつかな。

答えは80ページ ☞

1 次の図のまわりの長さを求めましょう。

❶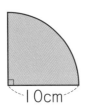
10cm

❷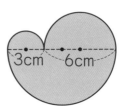
3cm　6cm

[　　　　　　]　　　[　　　　　]

2 まわりの長さが 78.5 m の円の形をした池があります。
この池の直径の長さは何 m ですか。

[　　　　　　　]

3 次の図で，六角柱の展開図になっているものには○を，
なっていないものには×をつけましょう。

❶ 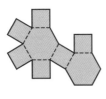　　❷ 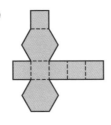　　❸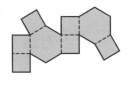

[　　　]　　　[　　　]　　　[　　　]

答えは80ページ☞

① **整数と小数①**　　　1ページ

1　（左から）8，3，7，4

2　❶24 個　❷7300 個

3　❶12.569　❷96.512

② **整数と小数②**　　　2ページ

1　❶10 倍　❷1000 倍
　　❸100 倍

2　❶$\frac{1}{100}$　❷$\frac{1}{1000}$　❸$\frac{1}{10}$

3　❶2180　❷0.00593

③ **小数のかけ算①**　　　3ページ

1　1470 円

>>**考え方**　980×1.5＝1470（円）

2　73.44 km

>>**考え方**　13.6×5.4＝73.44（km）

3　7.79 m²

>>**考え方**　2.3×3.7－0.6×1.2＝7.79（m²）

④ **小数のかけ算②**　　　4ページ

1　❶7.68 kg　❷0.42 kg

>>**考え方**　❶1.2×6.4＝7.68（kg）
❷1.2×0.35＝0.42（kg）

2　❶32.4 L　❷1.35 L

>>**考え方**　❶4.5×7.2＝32.4（L）
❷4.5×0.3＝1.35（L）

⑤ **小数のわり算①**　　　5ページ

1　910 g

>>**考え方**　1092÷1.2＝910（g）

2　23 本できて，0.4 L あまる。

>>**考え方**　16.5÷0.7＝23 あまり 0.4

3　約 1.2 kg

>>**考え方**　4.3÷3.6＝1.19……

⑥ **小数のわり算②**　　　6ページ

1　❶1.25 倍　❷0.8 倍

>>**考え方**　❶3.5÷2.8＝1.25（倍）
❷2.8÷3.5＝0.8（倍）

2　4.5 km

>>**考え方**　6.3÷1.4＝4.5（km）

3　52.4 kg

>>**考え方**　39.3÷0.75＝52.4（kg）

⑦ **まとめテスト①**　　　7ページ

1　3409 個

2　10.842 m²

>>**考え方**　2.6×4.17＝10.842（m²）

3　約 1.3 kg

>>**考え方**　2.4÷1.8＝1.33……

4　35.91

>>**考え方**　ある数は，12－5.7＝6.3
5.7×6.3＝35.91

⑧ **まとめテスト②**　　　8ページ

1　38.741

2　❶26.1 m　❷29 m

>>**考え方**　❶18×1.45＝26.1（m）
❷26.1÷0.9＝29（m）

3 3.2 m

≫考え方 3.6×4.8=17.28(m²)
17.28÷(4.8+0.6)=3.2(m)

⑨ **直方体や立方体の体積①** 9ページ

1 ❶ 160 cm³ ❷ 1.728 m³

≫考え方 ❶ 5×8×4=160(cm³)
❷ 1.2×1.2×1.2=1.728(m³)

2 ❶ 162 cm³ ❷ 64 cm³

≫考え方 ❶ 3×6×9=162(cm³)
❷ 4×4×4=64(cm³)

⑩ **直方体や立方体の体積②** 10ページ

1 ❶ 770 cm³ ❷ 264 m³

≫考え方 ❶ 7×9×10+7×4×5
=770(cm³)
❷ 6×10×8−6×6×6=264(m³)

2 ❶ 4000 cm³ ❷ 4 L

≫考え方 ❶ 20×25×8=4000(cm³)

⑪ **変わり方①** 11ページ

1 ❶（左から）140, 160,
180, 200, 220

❷ 20円

❸ 20×□＋100＝○

❹ 280円

❺ 380円

≫考え方 ❹ 20×9+100=280(円)
❺ 20×14+100=380(円)

⑫ **変わり方②** 12ページ

1 ❶比例していない。

❷比例している。

2 ❶ 60×□＝○ ❷ 720円

⑬ **合同な図形①** 13ページ

1 ①と④, ②と③（順不同）

2 ❶辺EF ❷ 2.2 cm ❸ 70°

≫考え方 ❷❸合同な図形の対応する辺の
長さ，角の大きさは等しくなっています。

⑭ **合同な図形②** 14ページ

1 辺ＡＢの長さ　または，
角Cの大きさ（順不同）

2 （例）

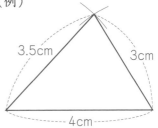

3

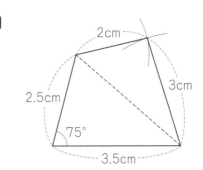

≫考え方 対角線……で２つの三角形に分
けてかきます。

⑮ **まとめテスト③** 15ページ

1 ❶ 4.2 m³ ❷ 0.729 m³

≫考え方 ❶ 2×3×0.7=4.2(m³)
❷ 0.9×0.9×0.9=0.729(m³)

2 あ

3 辺ＥＤ

72

⑯ まとめテスト④　　16ページ

1 ❶ $24 × □ = ○$

❷ 比例している。

2 $480\,cm^3$

≫考え方 $6 × 10 × 4 + 12 × 5 × 4$
$= 480\,(cm^3)$

3 （例）

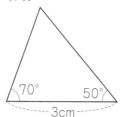

⑰ 倍数と公倍数①　　17ページ

1 ❶ 偶数　❷ 奇数　❸ 奇数

❹ 偶数

2 ❶ 7, 14, 21

❷ 12, 24, 36

3 645

≫考え方 一の位の数字が奇数のとき，その数は奇数になります。

4 6個

≫考え方 $50 ÷ 8 = 6$ あまり 2

⑱ 倍数と公倍数②　　18ページ

1 ❶ 10, 20, 30

❷ 6, 12, 18

❸ 12, 24, 36

❹ 20, 40, 60

2 ❶ 20　❷ 30　❸ 24

❹ 36

⑲ 倍数と公倍数③　　19ページ

1 午前 8 時 30 分

≫考え方 10 と 18 の最小公倍数は 90 だから，次に同時に発車するのは 90 分後です。

2 12 まい

≫考え方 いちばん小さい正方形の 1 辺は 36 cm だから，たてに 4 まい，横に 3 まいならべます。

3 60 個

⑳ 約数と公約数①　　20ページ

1 ❶ 1, 2, 3, 6

❷ 1, 3, 5, 15

❸ 1, 2, 4, 7, 14, 28

❹ 1, 2, 5, 10, 25, 50

❺ 1, 2, 4, 8, 16, 32, 64

2 ❶ 13　❷ 60

≫考え方 ❶ $1 + 3 + 9 = 13$
❷ $1 + 2 + 3 + 4 + 6 + 8 + 12 + 24 = 60$

㉑ 約数と公約数②　　21ページ

1 ❶ 1, 5　❷ 1, 2, 4

❸ 1, 2, 7, 14

❹ 1, 2, 3, 4, 6, 12

2 ❶ 3　❷ 6　❸ 8　❹ 15

㉒ 約数と公約数③　　22ページ

1 ❶ 14 人

❷ えん筆…5 本

　　ノート…2 さつ

≫考え方 ❶ 70 と 28 の最大公約数を考えます。

2 ❶ 9 cm　❷ 30 個

≫考え方 ❷ $(27 ÷ 9) × (45 ÷ 9)$
$× (18 ÷ 9) = 30$（個）

㉓ まとめテスト⑤ 23ページ

1 ❶偶数 ❷奇数

2 ❶63 ❷80

3 ❶15cm ❷30まい

㉔ まとめテスト⑥ 24ページ

1 18

》考え方 1+2+5+10=18

2 ❶11 ❷4 ❸7 ❹12

3 ❶午前8時42分 ❷6回

》考え方 ❷60×4÷42=5あまり30
午前8時ちょうどにも同時になるから，
5+1=6(回)

㉕ 分数と小数・整数① 25ページ

1 ❶$\dfrac{4}{3}$ m ❷$\dfrac{5}{16}$ L

2 ❶$\dfrac{9}{7}$ 倍 ❷$\dfrac{9}{10}$ 倍 ❸$\dfrac{10}{9}$ 倍

㉖ 分数と小数・整数② 26ページ

1 ❶1.5 ❷1.6 ❸7
❹2.75

》考え方 ❷$\dfrac{8}{5}$=8÷5=1.6

2 ❶$\dfrac{3}{10}$ ❷$\dfrac{4}{1}$ ❸$\dfrac{81}{100}$
❹$\dfrac{209}{100}\left(2\dfrac{9}{100}\right)$

3 分数…$\dfrac{15}{8}$ m$\left(1\dfrac{7}{8}$ m$\right)$
小数…1.875 m

㉗ 等しい分数① 27ページ

1 ❶（左から）10，21
❷（左から）18，16

2 ❶$\dfrac{5}{7}$ ❷$\dfrac{5}{6}$ ❸$\dfrac{5}{2}$ ❹$\dfrac{3}{2}$
❺$1\dfrac{3}{5}$ ❻$3\dfrac{3}{4}$

3 $\left(\dfrac{6}{9}\right)$ $\dfrac{3}{2}$ $\dfrac{7}{8}$ $\dfrac{6}{15}$ $\left(\dfrac{8}{12}\right)$ $\dfrac{23}{32}$ $\left(\dfrac{48}{72}\right)$

㉘ 等しい分数② 28ページ

1 ❶< ❷> ❸= ❹<

2 ❶$\dfrac{5}{10}$，$\dfrac{4}{10}$ ❷$\dfrac{4}{18}$，$\dfrac{3}{18}$
❸$1\dfrac{9}{21}$，$1\dfrac{14}{21}$
❹$2\dfrac{8}{30}$，$1\dfrac{21}{30}$
❺$\dfrac{8}{24}$，$\dfrac{18}{24}$，$\dfrac{15}{24}$
❻$\dfrac{18}{48}$，$\dfrac{20}{48}$，$\dfrac{21}{48}$

㉙ 分数のたし算とひき算① 29ページ

1 $\dfrac{33}{40}$ L

》考え方 $\dfrac{1}{5}+\dfrac{5}{8}=\dfrac{8}{40}+\dfrac{25}{40}=\dfrac{33}{40}$ (L)

2 $4\dfrac{1}{6}$ km$\left(\dfrac{25}{6}$ km$\right)$

》考え方 $1\dfrac{3}{4}+2\dfrac{5}{12}=1\dfrac{9}{12}+2\dfrac{5}{12}$
$=3\dfrac{14}{12}=3\dfrac{7}{6}=4\dfrac{1}{6}$ (km)

3 $\frac{59}{24}$ m² $\left(2\frac{11}{24}$ m²$\right)$

≫考え方 $\frac{7}{8}+\frac{5}{6}+\frac{3}{4}=\frac{21}{24}+\frac{20}{24}+\frac{18}{24}$
$=\frac{59}{24}$ (m²)

㉚ 分数のたし算とひき算② 30ページ

1 青いリボンが $\frac{5}{18}$ m 長い。

≫考え方 $\frac{5}{6}-\frac{5}{9}=\frac{15}{18}-\frac{10}{18}=\frac{5}{18}$ (m)

2 $1\frac{11}{20}$ kg $\left(\frac{31}{20}$ kg$\right)$

≫考え方 $3\frac{1}{4}-1\frac{7}{10}=3\frac{5}{20}-1\frac{14}{20}$
$=2\frac{25}{20}-1\frac{14}{20}=1\frac{11}{20}$ (kg)

3 $1\frac{7}{16}$ L $\left(\frac{23}{16}$ L$\right)$

≫考え方 $2-\frac{5}{16}-\frac{1}{4}$
$=1\frac{16}{16}-\frac{5}{16}-\frac{4}{16}=1\frac{7}{16}$ (L)

㉛ まとめテスト⑦ 31ページ

1 ❶ 2.25

❷ $\frac{7}{100}$

2 ❶ $1\frac{7}{21}$, $1\frac{6}{21}$

❷ $\frac{22}{44}$, $\frac{33}{44}$, $\frac{20}{44}$

3 $\frac{23}{36}$

≫考え方 $\frac{1}{4}+\frac{2}{9}+\frac{1}{6}=\frac{23}{36}$

㉜ まとめテスト⑧ 32ページ

1 ❶ $\frac{8}{3}$ 倍 $\left(2\frac{2}{3}$ 倍$\right)$

❷ $\frac{4}{9}$

2 ❶ $\frac{2}{7}$ ❷ $\frac{4}{3}$ ❸ $2\frac{3}{5}$

3 $\frac{11}{15}$ m

≫考え方 $1\frac{5}{6}-\frac{3}{5}-\frac{1}{2}=\frac{11}{15}$ (m)

㉝ 図形の角① 33ページ

1 ❶ 45° ❷ 35° ❸ 70°
❹ 85°

≫考え方 ❶ 180°−(65°+70°)=45°
❷ 180°−(115°+30°)=35°
❸ (180°−40°)÷2=70°
❹ 180°−(50°+35°)=95°
180°−95°=85°

2 105°

≫考え方 180°−(30°+45°)=105°

㉞ 図形の角② 34ページ

1 ❶ 120° ❷ 55° ❸ 115°
❹ 120°

≫考え方 ❶ 360°−(90°+80°+70°)=120°
❷ 360°−(110°+120°+75°)=55°
❸ (360°−65°×2)÷2=115°
❹ 360°−(100°+95°+105°)=60°
180°−60°=120°

2 165°

≫考え方 360°−(45°+90°+60°)=165°

㉟ 図形の角 ③　　35ページ

1 ❶ 3つ　❷ 540°

≫考え方 ❷ 180°×3=540°

2 ❶ ⓘ　❷ 720°

≫考え方 ❶ 2つの四角形に分けています。
四角形の角の大きさの和は 360°です。

㊱ 面積の求め方 ①　　36ページ

1 ❶ 10 cm²　❷ 40 cm²
　❸ 21 m²　❹ 135 cm²

≫考え方 ❶ 4×2.5=10(cm²)
❷ 5×8=40(cm²)　❸ 3×7=21(m²)
❹ 15×9=135(cm²)

2 7 cm

≫考え方 42÷6=7(cm)

㊲ 面積の求め方 ②　　37ページ

1 ❶ 35 cm²　❷ 54 cm²
　❸ 24 cm²　❹ 14 cm²

≫考え方 ❶ 10×7÷2=35(cm²)
❷ 12×9÷2=54(cm²)
❸ 6×8÷2=24(cm²)
❹ 7×4÷2=14(cm²)

2 9 cm

≫考え方 36×2÷8=9(cm)

㊳ 面積の求め方 ③　　38ページ

1 ❶ 18 cm²　❷ 70 cm²
　❸ 15 m²　❹ 45 cm²

≫考え方 ❶ (3+6)×4÷2=18(cm²)
❷ (12+8)×7÷2=70(cm²)
❸ (4+2)×5÷2=15(m²)
❹ (6+9)×6÷2=45(cm²)

2 3 cm

≫考え方 18×2÷(5+7)=3(cm)

㊴ 面積の求め方 ④　　39ページ

1 ❶ 15 cm²　❷ 54 cm²
　❸ 80 cm²　❹ 44 m²

≫考え方 ❶ 5×6÷2=15(cm²)
❷ 12×9÷2=54(cm²)
❸ 10×(8×2)÷2=80(cm²)
❹ 8×11÷2=44(m²)

2 4 cm

≫考え方 14×2÷7=4(cm)

㊵ 面積の求め方 ⑤　　40ページ

1 ❶ 20 cm²　❷ 31.5 cm²
　❸ 90 cm²　❹ 24 cm²

≫考え方 ❶ 8×3÷2+8×2÷2=20(cm²)
❷ 7×5÷2+7×4÷2=31.5(cm²)
❸ 15×8÷2+12×5÷2=90(cm²)
❹ 12×(4+6)÷2−12×6÷2=24(cm²)

2 35 cm²

≫考え方 (9−2)×5=35(cm²)

㊶ まとめテスト ⑨　　41ページ

1 ❶ 45°　❷ 55°

≫考え方 ❶ 180°−(40°+95°)=45°
❷ 360°−(70°+80°+85°)=125°
180°−125°=55°

2 ❶ 117 cm²　❷ 54 cm²

≫考え方 ❶ 13×9=117(cm²)
❷ 12×4÷2+12×5÷2=54(cm²)

3 24 cm²

≫考え方 右の図のように，長方形の辺に平行な直線をひくと，同じ印がついた部分の面積は等しくなります。○+●+□+△は長方形の面積の半分なので，
8×6÷2=24(cm²)

㊷ まとめテスト ⑩　　42ページ

❶ ❶ 130°　❷ 105°

»考え方 ❶（180°−80°）÷2=50°
180°−50°=130°
❷ 360°−（75°+125°+55°）=105°

❷ ❶ 105 cm²　❷ 32 cm²

»考え方 ❶（13+17）×7÷2=105（cm²）
❷（3+5）×（8+4）÷2
−（3+5）×4÷2=32（cm²）

❸ 60 cm²

»考え方（13−3）×（9−3）=60（cm²）

㊸ 平　均 ①　　43ページ

❶ 18.2 点

»考え方（15+20+17+19+20）÷5
=18.2（点）

❷ 18 ページ

»考え方（23+14+20+0+15+18
+24+30）÷8=18（ページ）

❸ 0.55 kg

»考え方 16.5÷30=0.55（kg）

㊹ 平　均 ②　　44ページ

❶ ❶ 600 g　❷ 125 個

»考え方 ❶ 120×5=600（g）
❷ 15000÷120=125（個）

❷ 4 時間 40 分

»考え方 40×7=280（分）
280 分 =4 時間 40 分

❸ 70 点

»考え方 79×4−（90+82+74）=70（点）

㊺ 平　均 ③　　45ページ

❶ 19.8 m

»考え方（24×16+15×14）
÷（16+14）=19.8（m）

❷ 87.5 点

»考え方（86.4×5+93）÷6=87.5（点）

❸ 3.2 km

»考え方 2×7−1.8×6=3.2（km）

㊻ 単位量あたりの大きさ ①　　46ページ

❶ ❶ A　❷ 24

»考え方 ❶ 1 m² あたりの人数で比べます。
A…52÷650=0.08（人）
B…36÷480=0.075（人）
❷ 0.075×320=24（人）

❷ 秋田県…約 82 人
　　熊本県…約 235 人

»考え方 960000÷11638=82.4……
1738000÷7409=234.5……

㊼ 単位量あたりの大きさ ②　　47ページ

❶ A

»考え方 A…81÷30=2.7（kg）
B…115÷46=2.5（kg）

❷ 銀

»考え方 銀…168÷16=10.5（g）
銅…448÷50=8.96（g）

❸ B

»考え方 A…1620÷600×100=270（円）
B…2580÷1000×100=258（円）

㊽ 単位量あたりの大きさ ③　　48ページ

❶ A

»考え方 A…495÷30=16.5（km）
B…880÷55=16（km）

❷ ❶ 1.32 L　❷ 45 m²

»考え方 ❶ 0.4×3.3=1.32（L）
❷ 1L で 1÷0.4=2.5（m²）ぬることがで
きるので，18L では，2.5×18=45（m²）
または，18÷0.4=45（m²）

3 60 まい

考え方 72×5−60×5=60(まい)

(49) 速 さ① 49ページ

1 Bさん

考え方 A…480÷8=60(m)
B…390÷6=65(m)

2 オートバイ

考え方 オートバイ…96÷2=48(km)
自動車…126÷3=42(km)

3 時速 85 km

考え方 340÷4=85(km)

4 分速 120 m

考え方 900×2÷15=120(m)

(50) 速 さ② 50ページ

1 ❶時速 12 km ❷分速 200 m

考え方 ❶ 60÷5=12(km)
❷ 12×1000÷60=200(m)

2 ❶分速 180 m ❷秒速 3 m

考え方 ❶ 720÷4=180(m)
❷ 180÷60=3(m)

3 秒速 60 m

考え方 秒速を時速になおして比(くら)べます。

(51) 速 さ③ 51ページ

1 51 km

考え方 17×3=51(km)

2 5200 m

考え方 650×8=5200(m)

3 37.5 km

考え方 時速 90 km は分速 1.5 km だから，
1.5×25=37.5(km)

4 約 2400 m

考え方 340×7=2380(m)

(52) 速 さ④ 52ページ

1 ❶ 5 時間
❷ 3.5 時間

考え方 ❶ 400÷80=5(時間)
❷ 280÷80=3.5(時間)

2 25 分

考え方 1600÷64=25(分)

3 10 分

考え方 250×8=2000(m)
2000÷200=10(分)

(53) まとめテスト⑪ 53ページ

1 3.5 点

考え方 0×1＋1×1＋2×3＋3×5＋4×8+5×6=84(点)
1+1+3+5+8+6=24(人)
84÷24=3.5(点)

2 ❶分速 900 m
❷時速 54 km

考え方 ❶ 6300÷7=900(m)
❷ 900×60÷1000=54(km)

3 約 900 人

考え方 190000÷212=896.2……

(54) まとめテスト⑫ 54ページ

1 3350 kcal

考え方 670×5=3350(kcal)

2 A

考え方 A…345÷3=115(円)
B…896÷8=112(円)

3 20 分後

考え方 1 分間に 2 人合わせて進む道のりは，75+60=135(m)
2700÷135=20(分後)

(55) 割 合 ① 55ページ

1 ❶ 3 割 ❷ 8% ❸ 200%
❹ 20 割 ❺ 0.5%
❻ 107% ❼ 10 割 7 分
❽ 40.6% ❾ 4 割 6 厘

2 ❶ 0.09 ❷ 1.002
❸ 0.34 ❹ 0.651

(56) 割 合 ② 56ページ

1 8%

考え方 6÷75×100=8(%)

2 65%

考え方 52÷80×100=65(%)

3 ❶ 70% ❷ 180%

考え方 ❶ 98÷140×100=70(%)
❷ 252÷140×100=180(%)

(57) 割 合 ③ 57ページ

1 18 人

考え方 90×0.2=18(人)

2 18 g

考え方 150×0.12=18(g)

3 ❶ 2450 円 ❷ 1050 円

考え方 ❶ 3500×0.7=2450(円)

(58) 割 合 ④ 58ページ

1 70 m^2

考え方 21÷0.3=70(m^2)

2 350 円

考え方 420÷1.2=350(円)

3 550 人

考え方 99÷0.18=550(人)

(59) 割合のグラフ ① 59ページ

1 ❶ 28% ❷ 8 人

考え方 ❷ 打ぼくの割合は 16%です。

2

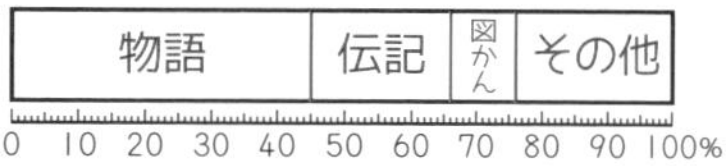
物語
伝記
図かん
その他
0 10 20 30 40 50 60 70 80 90 100%

(60) 割合のグラフ ② 60ページ

1 ❶ 23% ❷ およそ $\frac{1}{3}$

2

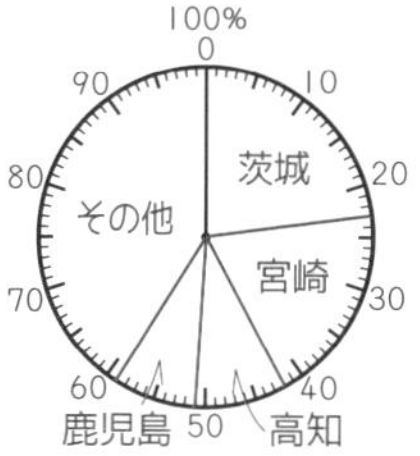
100%
0
10
20
30
40
50
60
70
80
90
茨城
宮崎
高知
鹿児島
その他

(61) まとめテスト ⑬ 61ページ

1 ❶ 9.2% ❷ 317.6%

2 80%

考え方 52÷65×100=80(%)

3 ❶ 8% ❷ 2 倍

(62) まとめテスト ⑭ 62ページ

1 ❶ 0.055 ❷ 1.3
❸ 0.024 ❹ 1.7

2 姉が 10 円安く買った。

考え方 姉が買ったねだんは,
800×(1−0.15)=680(円)

3 310000 さつ

考え方 1240÷0.004=310000(さつ)

(63) 正多角形と円周の長さ ① 63ページ

1 ❶ ○ ❷ × ❸ × ❹ ○
❺ × ❻ ○

2 ❶ ⓐ 60° ⓘ 120°

❷ 24 cm

㉔ 正多角形と円周の長さ ②　64ページ

1 ❶ 25.12 cm　❷ 31.4 cm

≫考え方 ❶ 8×3.14＝25.12（cm）
❷ 5×2×3.14＝31.4（cm）

2 17.99 cm

≫考え方 7×3.14÷2＋7＝17.99（cm）

3 188.4 cm

≫考え方 60×3.14＝188.4（cm）

㉕ 正多角形と円周の長さ ③　65ページ

1 ❶ 6 cm　❷ 15 cm

≫考え方 ❶ 18.84÷3.14＝6（cm）
❷ 47.1÷3.14＝15（cm）

2 ❶ 48 m　❷ 約 15.29 m

≫考え方 ❶ 100−26×2＝48（m）
❷ 48÷3.14＝15.286……

㉖ 角柱と円柱 ①　66ページ

1 ❶ 三角柱　❷ 円柱

2 ❶ 六角形　❷ 六角柱　❸ 長方形

❹ 15 cm　❺ 6つ

㉗ 角柱と円柱 ②　67ページ

1 ❶ 五角柱　❷ 4 cm

❸
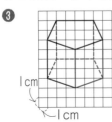

---

2 ❶ 6 cm

❷
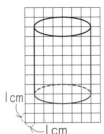

㉘ 角柱と円柱 ③　68ページ

1 ❶ 三角柱　❷ 5 cm　❸ 4 cm

2 10 cm

≫考え方 62.8÷3.14÷2＝10（cm）

㉙ まとめテスト ⑮　69ページ

1 ❶ 円柱　❷ 七角柱

2 12.56 cm

≫考え方 6×2×3.14−4×2×3.14
＝12.56（cm）

3 （例）

㉚ まとめテスト ⑯　70ページ

1 ❶ 35.7 cm　❷ 28.26 cm

≫考え方 ❶ 10×2×3.14÷4＋10×2
＝35.7（cm）

❷ 3×3.14÷2＋6×3.14÷2＋9×3.14
÷2＝28.26（cm）

2 25 m

≫考え方 78.5÷3.14＝25（m）

3 ❶ ○　❷ ×　❸ ○